후쿠시마에 남겨진 동물들

책공장더불어

이 책은 환경과 나무 보호를 위해 재생지를 사용했습니다.
환경과 나무가 보호되어야 동물도 살 수 있습니다.

NOKOSARETA DOBUTSUTACHI : Fukushima Dai-1 Genpatsu 20-kiro
Kennai no Kiroku
Copyright © 2011 Yasusuke Ota
All rights reserved.
Korean translation rights arranged with ASUKA SHINSHA INC.
through Japan UNI Agency, Inc., Tokyo and Korea Copyright Center, Inc., Seoul

이 책은 (주)한국저작권센터(KCC)를 통한 저작권자와의 독점계약으로
책공장더불어에서 출간되었습니다. 저작권법에 의해 한국 내에서 보호를 받는
저작물이므로 무단 전재와 복제를 금합니다.

후쿠시마에 남겨진 동물들

'죽음의 땅'
일본 원전 사고
20킬로미터 이내의 기록

오오타 야스스케 지음
하상련 옮김

책공장더불어

사람도 동물도 기다린다

●

2011년 3월 11일, 나는 엄청난 일이 일어났음을 직감했다. 아프가니스탄, 캄보디아, 유고슬라비아 등 분쟁 지역에서 사진 찍는 일을 하는 나는 전쟁터를 내 집처럼 드나들었고, 1995년 고베 대지진도 취재했다. 하지만 이번에는 달랐다. 밀려 들어오는 쓰나미의 영상을 보는데 등줄기가 얼어붙었다.

수만 명의 사상자가 나올 것이고, 사람은 물론 그곳에 사는 동물도 목숨을 잃을 것이 분명했다. 고양이와 함께 사는 터라 쓰나미에 휩쓸려 가는 동물들의 모습을 상상하는 것만으로도 힘들었다. 하지만 그때는 그저 안타깝기만 했다. 지진과 쓰나미에서 가까스로 살아남았지만 사람이 전부 사라진 그곳에 버려진 동물들의 고통은 미처 생각하지 못했다.

그 후 대지진의 여파로 후쿠시마 원자력발전소가 폭발했고 주민들에게 피난 명령이 내려지는 등 상황이 급박하게 돌아갔다. 사람이 사라진 세상. 그곳에 남은 동물들을 위해 동물보호단체와 개인적으로 활동하는 자원봉사자들이 들어가 구조활동을 하고 있다는 소식이 들려왔다. 그리고 인터넷을 통해 한 편의 영상을 보았다. 피난, 출입통제 명령이 내려진 후쿠시마 원전 주변 20킬로미터 이내의 경계구역에서 촬영된 것이었다. 사람의 그림자라고는 찾아볼 수도 없는 거리를 허기진 개가 먹을 것을 찾아 헤매고 있었다.

'도대체 이게 무슨…….'

곧장 동물보호활동가에게 찾아가 그곳 상황에 대해 들은 후 최대한의 사료와 물을 차에 싣고 사고 지역으로 출발했다. 그때가 3월 30일. 내가 수없이 후쿠시마를 드나들게 된 시작이다.

실제로 현장에 가 보니 먹이를 놓아두는 것으로는 부족했다. 동물을 구조해서 그곳에서 데리고 나오는 것이 최선이라는 생각이 들었다. 이미 구조 활동을 하는 단체도 있었다. 그래서 나도 3개월 동안 17회에 걸쳐 개와 고양이를 구조하기 위해 후쿠시마로 갔다. 개는 눈에 잘 띄고 비교적 구조가 쉬운 편이지만 경계심이 강해 좀처럼 가까이 갈 수 없는 경우도 있었다. 고양이는 원래 경계심이 강하기 때문에 포획기를 이용했다. 그래도 포획하지 못하면 사료와 물을 충분히 두고 왔다. 집에서 구조된 아이들은 메모를 붙여서 알렸지만 끝내 연락이 안 되면 새로운 가족을 찾아주기 위해 노력했다. 끈기가 필요한 일이었다.

원전 사고가 일어나고 4개월이 지난 현재까지 자원봉사자들과 함께 고양이 56마리, 개 13마리, 닭 13마리를 구조했다. 결코 많은 숫자는 아니지만 한 마리도 저버리고 싶지 않은 심정으로 하고 있다. 자기만족 아니냐고 묻는다면 그럴지도 모르겠다. 다만 아무것도 하지 않고 있을 수 없었을 뿐이다.

현장을 가 보니 믿을 수가 없었다. 물론 피난은 사람이 우선이지만 곧 동물들에게도 도움의 손길이 닿을 것이라고 생각했던 것이다. 그러나 도움의 손길은 없었다. 언론에서도 처음에는 경계구역에서 일어나는 비극을 보도하지 않았다.

그냥 있다가는 이곳에서 일어난 일이 전혀 없었던 일이 되어 버릴지도 모른다는 생각에 구조 활동을 하면서 현장 사진을 찍어 블로그에 올리기 시작했다. 그때까지 우리 집 고양이 이야기나 올리던 조용한 블로그가 비참한 사진으로 채워지는 것을 싫어하는 사람들도 있었지만 그만둘 수 없었다. 후쿠시마에서 본 비참한 개와 고양이는 사고만 없었다면 평화로운 일상을 보냈을 그런 평범한 아이들이었다. 버려지고 굶어죽는 비극의 주인공일 리가 없었다.

    그냥 지나칠 수 없었다. 일본에는 원전이 54기나 있다. 원전에 대해 모두 침묵해 버리는 비정상적인 이 사회를 바꾸지 않으면 앞으로도 똑같은 일이 반복될 것이다.

    내가 후쿠시마에서 느낀 것은 '기다리고 있다.'는 사실이었다. 동물뿐만 아니라 땅도, 집도, 벚나무도 모두 기다리고 있었다.

    아직도 그곳에는 많은 동물이 남겨져 있다. 물론 그들을 모두 구하는 것은 불가능하다. 하지만 지금 이 순간에도 그 아이들은 간절히 기다리고 있다.

    내가 할 수 있는 일은 제한되어 있고 큰 도움이 되지 않음을 잘 알고 있었다. 그렇다고 아무것도 하지 않고 가만히 있을 수 없었다. 사람의 잘못으로 아무 죄도 없는 동물들을 굶어죽게 할 수 없다는 마음이었다. 나는 사진가니까 사진을 찍어 모두에게 알려야겠다고 생각했다. 한 명이라도 더 많은 사람들에게 이 사실을 전하겠다고 다짐했다.

    이 책은 이런 마음으로 원전 사고 현장에 드나들었던 현장의 기록이다. 믿을 수 없을 정도로 비참하지만 픽션이 아닌 현실이다.

오오타 야스스케

●

언제나 먼저 다가오는 아이들 17

먹고 토하고 또 먹고 토하고…… 22

흰둥이 24   야마모토 미 28   인간의 사정 34

얼마나 기다려야 엄마, 아빠가 올까요? 40

고양이, 친구를 만나다 46   울부짖으며 죽어가는 가축 54

꼭 살아 줘야 해 62   화창하고 한가로운 봄의 풍경 70

묶인 채 죽다 76

빈집을 지키는 동물들 84   기다리고 있었어요 88

할머니 탓이 아니에요 90

조금 더 빨리 왔다면 95   축사는 고요했다 104

이곳에서 고양이를 찾아달라고? 108

손을 내밀다 110   살아 있기만 해 주렴 112

구조한 동물들의 뒷이야기 124
편집 후기 원전 지역은 대도시의 식민지인가 128

<일러두기>
* 경계구역은 원자력발전소 사고가 났던 후쿠시마 제1핵발전소로부터 20킬로미터 이내의 지역에 피난령이 내려져 원칙적으로 출입이 금지되어 있다. 엄격한 조건 아래 출입이 허가된다.
* 계획적 피난 구역은 경계구역이 아닌데도 방사선 측정량이 높아 피난령이 내려진 곳이다.

쓰나미 피해를 입은 6번 국도를 터덜터덜 걷고 있는 개를 만났다.

쓰나미로 파괴된 바닷가 근처에서 닥스훈트를 만났다.
구조하려고 다가갔는데 녀석은 전력질주를 해 달아나 버렸다.
도와주려 했던 것인데…….

6번 국도 부근에서 만난 낯선 풍경. 전자상가 주차장의 소.
일상에서는 볼 수 없는 비현실적인 광경이다.

캔을 내밀자 경계를 하며
허겁지겁 먹는 고양이 어미와 새끼.

하얀 얼굴에 온통 얼룩이 묻어 있던 고양이.
어딘지 외로워 보이는 모습.
뭐라도 주려고 다가갔지만 도망가 버렸다.
조심스럽게 다가갔지만 결국 놓치고 만 아이.

언제나 먼저 다가오는 아이들

교차로에 개 한 마리가 서 있었다. 차에서 내리자 선뜻 다가오는 녀석. 목걸이를 하고 있는 개. 누군가가 키우던 개였을 것이다. 일단 배를 채우라고 사료를 내밀자 입에 슬쩍 댔다가 이내 내게 기대온다. 배고픔보다 외로움이 컸던가 보다.

"그래, 그래. 알았어. 그래도 밥부터 먹어야지."

착해 보이는 녀석의 머리를 쓰다듬으며 사료를 다시 내밀어도 이 녀석은 자꾸만 내게 더 기대온다. 반가운 듯 귀를 착 내려붙이고 더 쓰다듬어 달라는 눈빛을 보낸다.

이 녀석뿐만이 아니다. 남겨진 개들은 대부분 사람을 보면 다가왔다. 언제나 먼저 다가오는 아이들. 불과 얼마 전까지만 해도 어느 집의 가족이었을 것이다.

식사를 끝내고도 차 주위를 떠나지 않는 녀석을 보며 어떻게 해야 할지 몰라서 쩔쩔맸다. 가슴이 아팠다.

"미안하다, 미안해."

미안하다는 말밖에는 할 수 있는 게 없었다.

먹을 것을 주니 **닭에게 먼저** 먹으라고 양보하는 착한 녀석.

자기도 배가 고플 거면서.

닭에게는 친절했지만 **인간**을 향해서는 **짖기를 멈추지 않았다.**

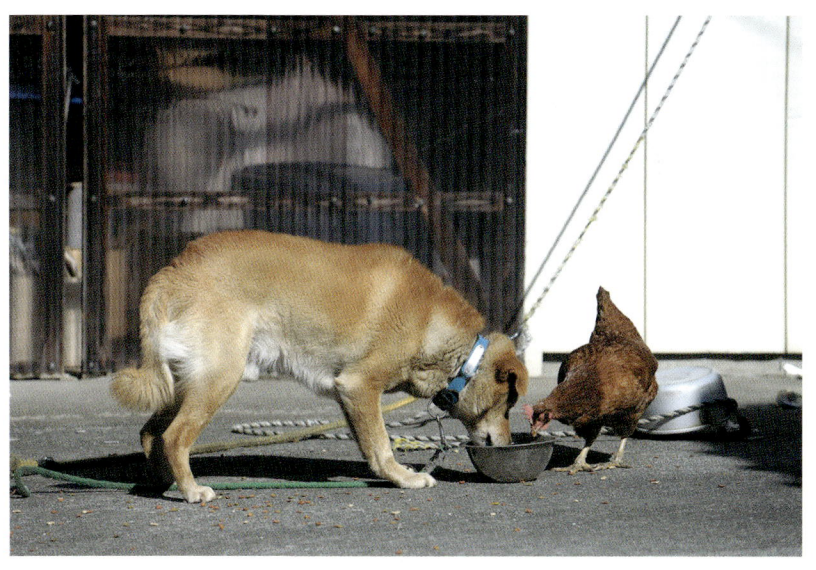

닭과 집을 지키는 것이 자기 임무임을 아는 충견.

쓰나미로 황폐해진 마을에서 만난 두 마리의 개.
다가갔지만 나를 경계하며 달아났다.
저 두 아이가 가려는 곳은 어디일까.

먹고　토하고　또　먹고　토하고……

　　후쿠시마에 처음 들어갔을 때는 개만 보면 무조건 멈추고 사료와 물을 주었다. 자유롭게 돌아다니는 개들은 동물보호단체와 자원봉사자들이 여기저기 놓아둔 사료를 찾아다니는 것 같았다. 많은 사람들의 도움으로 심하게 배를 곯지 않는 아이들을 만날 때면 그나마 안심이 되었다. 그런데 그날, 차로 천천히 둘러보다가 어느 집 마당에서 시바견 한 마리를 만났다.
　　아이는 차에서 내리는 내게 종종걸음으로 다가왔다. 얼마나 배가 홀쭉한지 꽤 오랫동안 굶었음을 알 수 있었다. 서둘러 사료를 주니 녀석은 허겁지겁 먹기 시작했다. 그런데 주린 배에 딱딱한 사료를 꾸역꾸역 집어넣어서였을까. 녀석은 곧 다 토하고 말았다. 토하자마자 다시 먹고 또다시 토하고……. 토하는 것을 알면서도 배가 고픈 녀석은 같은 행동을 되풀이했다. 물을 주어도 마시지 않고 사료만 먹었다. 그래서 급한 대로 부드러운 고양이용 캔을 따 주니 다행히 토하지 않고 다 먹었다. 주렸던 배에 거친 음식이 들어가니 받아들이지 못했던 것이다.
　　그 집에는 개가 먹을 것이 전혀 없었다. 목줄이 풀어져 있으니 어디든 가려면 갈 수 있는 상황이었다. 그런데도 착한 누렁이는 집을 지키고 있었다.
　　　　　　　　　가 족 이　오 기 를　기 다 리 면 서.

흰둥이

거리에서 외떨어진 집 앞을 지나가는데 하얀 개가 길을 왔다갔다했다. 집에 들어가 보니 마당에는 동물보호단체에서 두고 간 듯한 사료와 물이 놓여 있었고 개는 전혀 배가 고파 보이지 않았다.

"놀아 줘요, 놀아 줘."

어려 보이는 흰둥이는 놀아 달라는 듯 계속 사람 주위를 뛰어다녔다. 처음 흰둥이를 만났을 때는 아직 어떻게 동물을 구조해야 할지 몰라 일단 사료와 물을 가득 놓아 주고는 그 집을 떠났다.

"흰둥아, 차 조심해!"

다음 날 그 앞을 지나가는데 또 그 흰둥이가 도로를 뛰어다니고 있었다. 이곳이 사람들의 출입이 제한된 구역이기는 해도 차들의 왕래가 아주 없지는 않았다. 게다가 직선도로여서 차들이 속력을 내는 곳이었다. 그대로 두었다가는 위험할 것 같아서 동물보호단체에 연락해 임시 보호를 부탁했다. 그런데 흰둥이를 맡기고 돌아온 그날 밤 모르는 번호의 전화가 걸려왔다.

"오오타 야스스케 씨입니까?"

흰둥이의 주인이었다. 흰둥이의 주인이 꼭 돌아오리라 믿었던 내가 집의 현관에 메모를 붙여 놓았는데 그걸 보고 연락을 해온 것이었다. 일단 피난은 갔지만 다행히 정착할 곳을 구해서 흰둥이를 데리러 온 것이었다. 나는 급한 마음에 동물보호단체에 연락을 하니 흰둥이는 그새 임시 보호 가정에 가 있었다.

"놀아 줘요, 놀아 줘."
밥보다 노는 것이 좋은
어린 개, 흰둥이.

흰둥이의 주인에게 3일 후 후쿠시마 가는 길에 흰둥이를 데려다 주기로 약속을 했다. 마침내 3일 후, 임시 보호를 맡았던 부부가 흰둥이를 깨끗하게 목욕시켜서 데리고 왔다. 오랜만에 가족을 만나는 흰둥이가 더 예쁘게 보이기를 바라는 부부의 따뜻한 마음이 전해졌다. 흰둥이는 더 하얗고 털이 보송보송해졌다. 관심 없는 사람에게는 그저 한 마리의 개일 뿐이지만 소중한 인연으로 엮인 사람들에게는 이렇게 소중하고 소중한 존재이다.

고속도로를 4시간 반이나 달려 마침내 만나기로 한 곳에 도착하자 차가 한 대 다가왔다. 뚫어지듯 그곳을 바라보던 흰둥이가 차에서 내리는 사람들을 보자마자 미친 듯이 꼬리를 흔들기 시작했다. 차에서 오래 시달려 멀미를 조금 했는데 언제 그랬냐는 듯했다.

"엄마, 아빠, 반가워요, 반가워요!"

흰둥이는 달려가 오랜만에 아빠, 엄마 품에 안겼다. 흰둥이의 가족은 그동안 흰둥이를 돌봐준 사람들에게 감사드린다고 말했다. 하지만 나는 그런 인사를 받을 자격이 없었다. 내가 데려오지 않았다면 흰둥이는 3일 먼저 가족을 만났을 테니까. 괜한 짓을 했나 잠시 자책했지만 어쨌든 흰둥이가 가족을 만났으니 그러면 됐다.

'가족을 다시 만난 것을 축하한다, 흰둥아.'

가족에게 이름을 물었더니 정말 '흰둥이'였다.

신호등이 있는 교차로에서 쉬고 있는 개.
차가 가까이 가도 움직이지 않았다.
출입제한구역이지만 그래도 가끔 차가 다니는 지라 아찔했다.
이 아이는 여기서 누구를 기다리는 것일까.

야마모토 미

고양이는 성격상 사람들 눈에 잘 띄지 않는다.
그래서 사람과 함께 살던 개보다 고양이 수가 더 많을 텐데 잘 보이지 않는다.
가끔 보이는 고양이들도 사람이 보이면 도망가 버린다.
그래서 고양이는 죽을 때도 사람의 눈에 띄지 않는 곳에서 조용히 숨을 거둔다.

고양이.
측은하고 가엾은 아이들.
도대체 이곳에서 너희들이 어떻게 살아갈까.
살아갈 수나 있는 것인가.

도로에서 차에 치여 죽은 고양이를 보았다.
죽은 지 꽤 오래된 듯했다.
사체가 부패해서 특징을 알 수 없었다.
114번 국도에서 만난 고양이.

목걸이에 이름이 적혀 있었다.
야마모토 미.
누군가의 소중한 가족이었을 고양이, 야마모토 미.

거의 모든 고양이가 이 아이처럼 사람을 보면 멀어져 간다.
도와주고 싶어도 도울 수가 없었다. 가지 마라, 가지 마.

이동하던 중에
길 위에서 만난 고양이.
최대한 조용히
움직였다.
먹이를 이용해
천천히 포획기로 유도했다.

인간의 사정

원전 사고 지역에는 개와 고양이뿐만 아니라 소, 돼지, 말 등의 가축도 남겨졌다. 찾아간 말의 축사에는 살아남은 말이 불안한 듯 앞발로 땅을 긁고 있었다. 그러다가 정신이 나간 듯한 표정으로 옆 칸의 쓰러져 죽어 있는 말을 들여다보기도 했다.

돼지 축사는 더 끔찍했다. 겹겹이 쌓인 돼지 사체 사이로 간신히 살아남은 돼지가 보였다. 살아남은 돼지들은 서로 의지하며 힘없이 조용히 기대 있었다. 영문도 모르고 내버려진 채 죽음을 기다리고 있는 생명들.

2011년 5월 24일, 정부는 원전으로부터 20킬로미터 이내의 출입제한구역 안의 가축을 모두 처분하겠다고 발표했다. 정부는 안락사라고 강조했다. 나는 그들이 얼마나 비참하게 살고 있는지 알기에 그렇게라도 해 주기를 바랐다. 수많은 동물보호단체와 자원봉사자들이 먹이를 주며 노력했지만 결국 이렇게 되고 말았다. 그 지옥에서 살아남았는데 결국 죽는 생명들.

미안하다.
죽을힘을 다해 지킨 목숨을 이렇게 보낼 수밖에 없어서 미안하다. 정 말 미 안 하 다 .

죽은 돼지들 사이에 끼인 채 움직일 수도 없는
상태로 살아 있던 돼지가 있었다.
끌어내 물을 주었지만 물을 마실 힘조차 없었다.

영 문 도 모 른 채 그 들 은 **서 로 몸 을 기 댄 채** 죽 어 있 었 다 .

" 도 대 체   왜 ? "
말은 물기 가득한 눈으로 나를 향해 물었다.
하지만 나는 아무것도 해 줄 말이 없었다.

말 축사에서 요행히 살아남은 말.
죽어 쓰러진 친구를 걱정스레 바라보고 있었다.

얼마나 기다려야 엄마, 아빠가 올까요?

가사오무라는 산으로 둘러싸인 아름다운 마을이다.

펼쳐진 논밭 사이로 깨끗한 냇물이 흐르는 아름다운 일본의 풍경 그대로인 곳.

그런데 원전으로부터 30킬로미터 이내인 이 마을이 계획적 피난 구역으로 지정되어 주민들이 모두 피난을 가 버렸다.

목가적인 전원마을이 이렇게 될 줄 누가 상상이나 했겠는가.

사람이 모두 사라진 마을을 지키고 있는 것은 주인을 기다리는 개들이다.

특히, 늘 집 주변 돌담에 앉아 있는 개를 한 자원봉사자가 정성스럽게 돌봐주고 있었다.

이 누렁이는 사람을 좋아해서 내가 사진을 찍으려고만 하면 바로 꼬리를 흔들며 다가온다.

로앵글로 찍으려고 바닥에 누우면 영락없이 얼굴 핥기 공격이 시작된다.

"이 녀석아, 그렇게 가까이 오면 찍을 수가 없다구. 알았어, 알았어. 너 외롭다고."

"앞으로 얼마나 기다려야 엄마, 아빠가 저를 데리러 와 줄까요?"

누렁이는 내게 묻고 또 묻는다.

누렁이의 자리는 언제나 이곳.
오늘도 내일도 그 다음 날도 누렁이는
언제나 여기에서 주인을 기다린다.

누렁이를 돌보고 있는 자원봉사자는 이 한 녀석을 위해 매주 도쿄에서 온다.
물론 차비와 사료비 등은 전부 자기가 부담한다.
개인 자원봉사자라 기부나 후원을 받지 않기 때문이다.
그러다 보니 돈이 부족해서 주말에는 아르바이트를 한다고 했다.
어느 날, 자원봉사자가 누렁이의 집에 메모를 붙였다.
'개는 어떻게 하실 건가요? 대피소에 데려가실 수 없는 형편이라면 제가 임시로 보호하겠습니다.'
강제 피난령이 내려지면 아무도 그 지역에 들어갈 수 없으므로 강제 피난이 시작되기 전에 어떤 식으로든 결정을 해야 하기 때문이다.
주인으로부터 답이 없으면 누렁이를 도쿄로 데려가기로 결심을 한 것이다.
물론 도쿄로 데려간다고 해도 뾰족한 수가 있는 것은 아니다.
누렁이를 입양해 줄 사람을 다시 찾아야 하는 힘든 일이 남아 있다.
하지만 한 번 돌본 이상 이대로 모른 척 두고 갈 수는 없었다.
자원봉사자는 말했다.

"개는 절대로 인간을 배신하지 않습니다.
그러니 제발 부탁드립니다.
사람도 개의 그런 마음을 저버리지 말아 주세요."

피난 간 가족으로부터 찾아서 보호해 달라는 부탁을 받았던 녀석.
부탁을 받은지 한 달 만에 구조할 수 있었다.

계속 먼 곳만 바라보던 아이.
이 아이가 이토록 기다리는 가족은 언제쯤 돌아올 수 있을까.

고양이, 친구를 만나다

피난 구역에는 도움을 필요로 하는 개와 고양이가 많다. 하지만 무조건 도쿄로 데려올 수는 없다. 임시 보호를 해 줄 사람이 없으면 구조해서 와도 돌봐줄 수 없기 때문이다. 그래서 임시 보호자가 나타났을 경우에만 아이들을 구조한다.

다행히 일본은 고양이를 좋아하는 사람이 많아서 고양이 임시 보호를 하는 봉사자를 어렵지 않게 구했다. 자원봉사자가 현장에서 아이들을 구조해 오면 임시 보호자가 맡아서 돌봐주다가 가족을 찾으면 가족에게 돌려 보내고 그렇지 않을 경우는 새로운 집에 입양을 보내는 구조가 비교적 안정적으로 굴러갔다.

한 번은 오오구마쵸에 고양이 두 마리가 주인을 잃고 살고 있다는 소식을 전해 듣고 구조하러 갔다.

"야옹야옹, 어디 있니?"

알려 준 집에 도착해 부르자 고양이 한 마리가 "야옹." 하며 어둠 속에서 톡 튀어나왔다. 이 녀석은 사람을 두려워하지 않아서 쉽게 구조할 수 있었는데 나머지 한 마리는 보이지 않았다.

"야옹아, 어딨니. 네 친구 여기 있는데······."

몇 시간 동안 부르고 찾고 기다렸지만 한 녀석은 끝내 나타나지 않았다. 결국 포기하고 도쿄로 돌아와야 했다.

구조한 고양이는 임시 보호하는 집에서 '곰돌이'라는 이름을 붙여 주었다. 곰돌이는 개한테도 덤비는 장난꾸러기로 잘 지낸다고 했다. 그런데 내게는 곰돌이 친구를 함께 구조하지 못한 미안함이 계속 남아 있었다. 그곳에 남은 고양이는 함께 놀던 친구가 없어져 얼마나 외로울까. 그래서 2주가 되던 때 다른 곳에 구조 활동을 가는 길에 곰돌이네 집에 다시 들렀다.

"야옹아, 야옹아. 너 어디 있어?"

제발 오늘은 나타나 주기를 바랐다. 그런 간절한 내 마음이 통했을까. 몇 번 부르지 않았는데 지난번 곰돌이가 튀어나온 덤불 속에서 고양이가 쏙 나타났다. <u>고양이는 꽤나 외로웠던지 꼬리를 꼿꼿이 세우고 "야옹." 소리를 내며 종종거리고 달려왔다.</u> 곰돌이의 친구가 어떻게 생겼는지 듣지 못했지만 이 아이라는 확신이 들었다. 몸집이 좋은 것으로 보아 영양 상태는 나쁘지 않아 보였다.

도쿄로 돌아와 친구를 데리고 곰돌이에게 가는 발걸음이 얼마나 가벼웠는지 모른다.

20마리에 가까운 고양이들이 모여 있는 곳의 대장이었던 녀석. 대장격인 이 수고양이는 자원봉사자들을 잘 따르는 예쁜 녀석이었다.

캔을 주니 정신없이 꿀떡꿀떡 삼키던 고양이들. **슬프도록 말랐다**는 게 이런 거였다.

한 지역의 대장이었던 노랑이.
심하게 말라 있었지만 대장의 늠름함을
잃지 않고 있었다.

홀로 찾은 축사. 나를 보자 목이 마르고, 배가 고프다고

일제히 울어대기 시작했다. 이보다 슬픈 울음이 또 있을까.

울부짖으며 죽어가는 가축

　방치된 소들이 있다는 말을 듣고 혼자서라도 가 보기로 했다. 그런데 막상 가 보니 축사는 조용했다. 기분 나쁠 정도의 고요함. 그런데 내 기척을 느꼈는지 소들이 일제히 울기 시작했다. 울음소리를 따라 들어가 축사 안을 들여다본 순간 나는 말문이 막혀 버렸다.
　그곳은 지옥이었다.
　썩은 냄새가 진동하는 축사에는 50여 마리 중 20마리 정도는 이미 죽은 상태였고, 숨은 붙어 있지만 일어설 기운이 없어 주저앉아 꼼짝도 못하는 소도 많았다. 겨우 살아남은 소들은 먹지 못해 뼈가 드러나 있었고, 나를 보며 뭐라고 말을 하려는 듯 쉬지 않고 울었다.
　오래전부터 인간은 가축을 사육해 왔다. 나도 고기를 먹어 왔고 그것을 부정할 생각은 없다. 하지만 지금 내 앞의 지옥을 만든 것은 원전 사고이다. 그러니 이 지옥을 만든 것은 근본적으로는 원전을 만든 인간이다.
　죽음 중에 가장 고통스럽다는 굶어죽는 아사(餓死). 동물들은 영문도 모른 채 버려져 굶어서 죽어가고 있었다. 함께 지내던 동료 소들의 사체 사이에서 자신도 오물에 뒤범벅이 되어 굶어서 죽어가는 곳. 이곳이 지옥이 아니고 무엇일까. 최소한, 최소한 안락사라도 해 주었으면. 간절한 마음으로 나는 바랐다. 참을 수 없는 무력감을 느끼며 나는 진심으로 안락사를 바랐다. 그게 먹기 위해 키웠다가 버려

져 비참한 모습으로 죽어가는 이 생명들에 대한 마지막 책임이라고 생각했다.

'미안해, 미안해.'

나는 계속 용서를 빌며 사진을 찍었다. 내가 할 수 있는 일은 사진을 찍는 것밖에 없었다. 사진을 찍어 지금 일어나고 있는 일을 조금이라도 많은 사람들에게 알리는 것, 그게 지금 죽어가는 소들을 위해 내가 해야 할 일이었다. 시간이 지날수록 분노가 치밀어 올랐다. 신음하듯 울부짖으며 셔터를 눌렀다. 그 분노는 나를 비롯한 인간들을 향한 것이었다.

"빌어먹을 인간들, 제기랄, 제기랄!"

두 달이 지나 5월이 되어 다시 축사에 가 보니 소들이 밖에 나와 있었다. 누군가 울타리를 열어준 모양이다. 소들은 사람이 사라진 그곳에서 자유롭게 풀을 뜯어 먹고 있었다. 그 모습을 보고 기뻤다. 그때 나는 왜 이 생각을 하지 못했을까.

그런데 이것이 또 다른 비참함을 불렀다. 물을 마시려던 소들이 용수로에 빠져 나오지 못해 다시 죽어가고 있었다. 때때로 중장비를 가져가 용수로에 빠진 소를 건지기도 하고, 물을 쉽게 마실 수 있도록 용수로의 수위를 높이기도 했지만 매일 보살필 수 없으니 역부족이었다. 목이 타 들어가는 소들은 계속 용수로로 추락해 죽어갔다. 도대체 이 비극은 언제나 끝나게 될까. 내 마음은 갈기갈기 찢어졌다.

기운이 없어 열려진 축사 밖으로도 나오지 못하는 소들에게 물을 먹여 보기로 했다. 물 그릇을 내밀자 조금 먹다가 이내 토해 버리고 만다. 소는 주저앉은 채 내 앞에서 눈물을 주르륵 흘렸다. 참혹하게 죽어가는 생명에게 아무런 도움도 줄 수 없다는 무력감에 나는 연신 욕을 내뱉었다. 그 욕의 대상은 바로 이 지옥을 만들어 낸 인간이었다.

용수로에 떨어진 소는 스스로의
힘으로 땅으로 올라올 수 없다.
중장비가 없는 한 사람도 도울 수 없다.
찬물에 오랫동안 잠겨 있어 변색된 발.
용수로에 빠진 소 위로 차갑게
내리던 비는 그날 밤 눈이 되었다.

계속 서로를 핥고 있던 소 두 마리.
서로의 피부에 있는 수분이나
염분을 핥아먹고 있는 것일 터였다.
그런데 내 눈에는 마치
"괜찮아, 괜찮아." 하며 서로를
위로하는 것처럼 보였다.

소는 비닐을 먹고 있었다.
배가 고파서 뭐라도 먹는 것일 텐데
미안하게도 내게는 줄 것이 없었다.

후쿠시마에 남겨진 동물들 60

일어설 힘도 없어 주저앉은 채 **울고 있는 생명들**.

꼭 살아 줘야 해

쓰나미 피해를 본 6번 국도의 모래먼지가 풀풀 일어나는 길을 터벅터벅 걷는 개를 만났다. 얼마나 배가 고팠으면 물도 사료도 허겁지겁 먹었다. 그러나 그 개에게서는 생기가 느껴지지 않았다. 배를 채우더니 다시 아무도 없는 막막한 길을 힘없이 걸어갔다.

바다 쪽은 마르고 갈라진 진흙으로 뒤덮인 땅에 형체만 남은 집들이 덩그러니 있었다. 그곳에서도 개를 만났다. 가족들이 가끔 먹이를 주러 오는지 그릇에는 사료가 담겨 있었다. 개는 가족을 기다리는 듯 집 주위를 떠나지 않았다.

그곳에서 많은 개를 만났다. 코기는 길 위를 배회하고 있었고, 묶여 있던 개는 그릇에 사료가 있는 것으로 보아 가족이 들르는 것 같았다. 사람을 경계해서 절대로 가까이 오지 않는 개도 많았다.

그런 개들을 볼 때마다 나는 마음속으로 당부했다.

'꼭 살아남아 줘. 어떻게든 버티면 꼭 가족을 만나는 좋은 때가 올 거야. 그러니 꼭 살아 줘야 해. 알았지?'

'여기가 우리 집이에요!'
마치 자기 집으로 안내하는 것처럼 나를 데리고 이곳으로 왔던 코기.

쓰나미 피해 지역에서 만난 개.
개는 마르고 갈라진 진흙으로 뒤덮인 땅 위에
형체만 남은 집에서 툭 튀어나와 나를 올려다보았다.

후쿠시마 제1원자력발전소 바로 옆에서 만난 두 마리의 개. 계측기로 지면의 방사선량을 재어 보니 280마이크로시버트 (평소 사람들이 노출되는 방사선량의 약 2,000배)였다. 이런 환경에 그들은 버려져 있다.

덫에 걸려 왼쪽 앞뒤 다리가 잘린 개는
아직도 이 집의 우두머리 역할을 톡톡히 하고 있었다.
낯선 소리에 힘껏 짖으며 집과 다른 개들을 지키고 있었다.

쓰나미로 다 망가진 해변 도로에 우두커니 앉아 있던 개.
해변 쪽은 전부 휩쓸려 가 버려 아무것도
남아 있지 않았다. 녀석의 집도 휩쓸려 사라진 것일까?

화창하고 한가로운 봄의 풍경

위험한 경계구역이라고 해도 그 풍경은 각기 다르다. 경계구역의 풍경을 가르는 획 가운데 하나가 바로 바닷가를 남북으로 달리는 6번 국도이다.

6번 국도를 경계로 바다 쪽은 쓰나미가 휩쓸고 가 아무것도 남은 것이 없다. 쓰나미의 피해를 본 곳은 개나 고양이도 거의 보이지 않는다. 아마도 모두 쓸려갔거나 살아남았더라도 다른 곳으로 이동했을 것이다.

반면 길 건너 쪽은 지진의 피해는 있지만 다행히 쓰나미 피해는 비켜간 곳이다. 지진의 피해로 지붕이 무너지거나 기울어진 집들이 즐비하지만 집의 형체가 온전히 남아 있는 곳도 있다.

차로 달리다 보면 마을을 띄엄띄엄 만나게 되는데 집은 대개 비탈진 곳에 위치해 있다. 가까이에 산이 있고, 짙은 녹음과 맑고 화창한 날씨. 마당에 서서 둘러보면 얼핏 평화로운 풍경이다.

사람의 흔적이라고는 전혀 없는 곳. 그곳에도 터전을 지키고 있는 동물들이 있을 것이다. 그들을 찾는다. 도대체 무슨 일이 있어났는지 영문을 알 수 없지만 갑자기 바뀐 환경에 묵묵히 적응하고 있는 남겨진 동물들을.

20마리 정도의 고양이가 살고 있는 곳.
경계구역 내에 있는 이곳은 국지적으로 방사선량이 높은 핫스팟 지역이다.
고양이들은 방사선량 40마이크로시버트(평소 사람들이 노출되는
방사선량의 약 300배)인 곳에서 살고 있었다.

풀을 먹는 어미 소와 젖을 먹는 송아지.
문이 열려 있는 목장의 소들은 자유롭게 지내고 있었다.
방사능에 피폭된다 해도 이대로만 살 수 있다면······.

쓰나미로 파괴된 집들이 파도에 휩쓸렸다가
방파제에 쌓여 폐허의 산을 이루고 있다.

한때는 바닷가 공원이었던 곳.
뒤로 보이는 것은 동북전력의 하라쵸 화력발전소이다.

묶인 채 죽다

이 집을 찾아갔을 때 개는 묶인 채 죽어 있었다.

'묶여 있지만 앉았어도…….'

안타까웠지만 누구도 원망할 수 없는 상황이었다.

함께 간 자원봉사자가 조용히 수건을 덮어 주었다.

나는 떠난 아이의 몸을 오래도록 쓰다듬었다.

"천국에서 마음껏 달리며 놀아라."

마당에 피어 있는 꽃을 한 송이 꺾어 아이의 몸 위에 올려놓았다.

아이는 즐거웠던 때의 기억을 가지고 천국에 갔을 거라고 그렇게 믿고 싶다.

폐허가 되어 **사람이 떠난 그곳**에서 말들이 평화롭게 풀을 뜯고 있다.

현실에서는 보기 힘든 **낯선 풍경**이다.

뜨거운 날이 계속되던 7월의 어느 날.
낮에는 어디엔가 숨어 있던 개들이 해가 지면 활동하기 시작한다.

빈집을 지키는 동물들

남아 있는 동물들을 찾으러 주택가를 살피다가 어느 집에 들어가게 되었다. 그런데 낯선 광경이 펼쳐져 있었다. 소와 오골계가 사이좋게 지내고 있는 것이 아닌가. 지금까지 본 적이 없는 풍경이었다. 닭장에서 나온 닭은 대부분 고양이나 다른 동물에게 잡아먹혀서 깃털이나 잔해만 흩어져 있는 경우가 많았다. 그런데 어째서 이 집은 닭이 한 마리도 죽지 않고 소와 잘 공존하고 있을까? 근처에는 고양이도 꽤 많았기에 더 궁금했다.

"여기 개가 있어요!"

자원봉사자가 헛간 쪽에서 소리를 지른다. 급히 달려간 그곳에 흰 개 한 마리가 있었다. 어두컴컴한 헛간 구석에 힘없이 웅크리고 있어서 환한 곳으로 데리고 나와서 보니 더러워 보였던 목 주위와 전신의 얼룩이 모두 핏자국이었다. 아직도 마르지 않은 피가 뚝뚝 떨어지는 곳도 있을 정도였다. 개는 걷는 것도 힘들어 보였다. 어쩌다가 이 지경이 되었을까.

일단 병원부터 가야 할 것 같아서 이동장에 넣으려고 하는데 개가 완강히 거부했다. 목에 상처가 있는 터라 목줄을 세게 잡아당길 수도 없어서 엉덩이를 힘껏 밀었는데 계속 버텼다. 집을 떠나는 것이 싫은 모양이다. 그렇다고 그냥 둘 수는 없었다. 별 수 없이 목줄을 힘껏 당겼다.

"깽, 깨갱."

개의 비명소리에 가슴이 찢어졌다.

병원에 가서 진찰을 받으니 상처는 다른 개에게 물려서 생긴 것이라고 했다. 그것도 한 마리가 아니라 여러 마리에게 물린 것이라고. 얼마나 심하게 당했는지 온 몸이 물린 상처 투성이였고, 꼬리는 물려서 잘려나갔고, 한쪽 귀도 너덜너덜한 상태였다. 수의사 선생님은 이 상태로 2,3일만 더 있었으면 죽었을 거라고 했다.

그런데 기적적으로 이 개의 가족과 연락이 닿았다. 개를 데리고 오면서 집에 메모를 붙여 놓았는데 그걸 보고 연락이 온 것이다.

개의 이름은 곤타라고 했다. 아마도 곤타 집의 닭이나 가축이 무사한 것은 모두 곤타 덕일 것이다. **곤타가 죽을힘을 다해 집을 지킨 덕분**. 곤타 집 근처에는 거의 들개가 되어 무리를 지어 떠도는 여섯 마리의 개가 있었는데 곤타가 지키지 않았다면 집의 가축은 모두 그들에게 습격당했을 것이다.

개는 함께 사는 인간에게 충실한 동물이다. 밥을 주고 함께 산 인간에 대한 의리로 목숨도 건다. 가족과 집을 지키는 것밖에 모르는 녀석들. 그게 바로 곤타가 두 달 넘게 집과 동물 가족을 훌륭히 지켜낸 힘이다.

헛간에 숨죽여 숨어 있던 곤타. 목 주위의 털이 피로 물들어 있었다.
아마도 자기의 임무를 마치고 이대로 조용히 죽음을 받아들이려고 했던 것 같다.

집으로 다가가자 무섭게 짖어대며
집을 지키는 역할을 훌륭히 하고 있는 녀석이다.
가끔 집에 다녀오는 것이 허용되는
지역일 경우 집을 지키라고 일부러 개를
남겨두기도 한다.

기다리고 있었어요

한 가족에게서 애타는 의뢰가 들어왔다. 들어갈 수 없는 곳의 집에 개가 한 마리 남아 있으니 가서 살펴봐 달라고. 그곳은 이미 몇 번이나 다녀왔던 곳이다.

하지만 개는 보지 못했다. 고양이를 구조하려고 갔던 곳이라 똑똑히 기억했다. 다만 의뢰한 가족이 말한 집은 벽으로 가려져 있어서 길에서는 안이 보이지 않았다.

의뢰를 받은 집을 찾아 들어가자 커다란 개집이 눈에 띄었다. 잘 지어진 개집에는 이름이 커다랗게 쓰여 있었다.

구우타.

사랑을 많이 받은 아이였구나. 텅 빈 밥그릇과 물그릇. 아이는 집에 누운 채 말하고 있었다.

기다리고 있었어요, 나는.

여 기 서   계 속 ,   기 다 리 고   있 었 어 요 .

멍멍 짖어만 주었어도 발견했을 텐데. 바로 옆에까지 왔었는데. 네가 있음을 알아차리지 못해 미안하다. 너무 너무 미안하다.

할머니 탓이 아니에요

처음에는 일정 지역을 중심으로 동물을 찾아다니다가 시간이 지나자 닥치는 대로 다녔다. 자원봉사자나 동물보호단체를 통해서 어디에서 개를 보았다거나 어디에 고양이가 있었는데 구조하지 못했다는 이야기를 들으면 그곳으로 달려갔다. 대피소로 대피한 가족이 집에 남기고 온 개와 고양이를 살펴달라는 의뢰가 들어오면 그곳으로도 갔다.

대피소에서 지내는 노인 중에는 운전을 못해서 직접 집을 보러 갈 수 없는 사람들이 많았다. 동물 구조 활동을 하고 있는 사람들이 있음을 모르는 사람도 많았고, 개와 고양이를 데리고 대피소로 들어갈 수 없어서 어쩔 수 없이 혼자 대피소로 온 사람들도 있었다.

많은 사람이 처음 집을 떠나올 때는 금방 다시 돌아갈 것이라고 생각했을 것이다. 2, 3일 지나면 집으로 돌아갈 수 있을 거라고.

두고 온 개를 살펴봐 달라는 할머니가 있었다. 하지만 내가 찾아갔을 때 개는 이미 죽어 있었다. 그 소식을 듣고 할머니는 너무도 슬퍼하며 자신을 탓했다.

할머니, 슬퍼하지 마세요.
　　　　그건 할머니 탓이 아니에요.

이곳은 원전 사고 지역에서 30킬로미터 떨어진 곳이라 원하면 집으로 돌아올 수 있는 곳이다.
하지만 쓰나미로 집이 모두 부서져 돌아와도 사람은 살 수 없다. 이런 상황에서도 개는 집을 지키고 있다.

불안한 눈빛으로 나를 쳐다보고 있던 고양이.
사람을 믿지 못하겠다는 경계의 기운이 가득하다.

주택가를 샅샅이 살피며 가고 있는데
흰 고양이가 나타났다.
몸이 작은 아이. 집고양이였는지 사람을 경계하지 않는다.
나랑 같이 갈래?

조금   더   빨리   왔다면

집에 들어서는데 마당에 생선뼈가 떨어져 있었다.

뭐지?

둘러보니 근처에 연못이 있었다.

연못의 물고기를 고양이가 잡아먹고 사는 것 같아 연못을 들여다보았는데, 물고기는 하나도 없고 물에서는 썩은 냄새가 진동했다.

'이런 걸 먹었다면······.'

불안한 마음이 엄습했다.

불안한 마음에 마당을 둘러보니 역시 그랬다.

고양이가 한 마리 죽어 있었다.

조금 떨어진 곳에 또 한 마리.

많이 여위지 않은 걸 보니 아마도 썩은 물고기를 먹고 병이 나서 죽은 모양이었다.

둘 다 아직 어린 고양이이다.

고양이 배설물이 보였다. 배설물 내용물은 생선의 비늘과 닭모이뿐.

살아보려고 애썼지만 어린 고양이에게 병을 이길 만한 힘이 없었을 것이다.

수로에 빠진 소를 한 번 꺼내준 적이 있는데 또다시 이 지경.
우리가 상상할 수 없을 만큼 목이 말랐을 것이다.
죽을 만큼 목이 마른 그들에게 다른 어떤 선택이 있었을까.

돼지들이 가까이 다가오기에 가져간 개 사료를 주며 기운 차리고 살아달라고 부탁했다.

하 지 만 다음 날 밤에 가보니 모두 **살 처 분**당해 있었다.

누군가가 풀어 주었을 소.
그런데 그들이 향한 곳은 늪이었고, 그들은 늪에서 빠져나오지 못했다.

이 축사에서는 3월 대지진과 원전 사태 이후에 송아지가 태어났다.
어미 소를 비롯한 모든 소가 죽었는데 송아지는 혼자 살아남았다.
어미 소가 있던 축사를 떠나지 못하고 사력을 다해 혼자 버티고 있는 송아지.

축사는 고요했다

처음 소 축사에 간 것이 4월 9일. 대지진이 일어나고 1개월이 지난 후였다. 축사에는 아사한 동료 사이에서 살아남은 소들이 울고 있었다. 이 참상을 본 동물보호단체와 자원봉사자들이 먹을 것과 물을 챙기며 어떻게든 살려보려고 애썼다. 하지만 먹을 것도 물도 절대적으로 부족했다. 역부족이었다.

6월 19일. 나는 다시 그곳으로 향했다. 소들의 최후를 내 눈으로 보아야 한다고 생각했다. 기억해야 한다고 생각했다. 두 달 남짓 지나 다시 찾아간 그곳은 달라져 있었다. 배가 고프다고, 목이 마르다고 애타게 울어대던 소들이 사라진 축사는 고요했다. 지난 번 와서 보았던 셀 수 없었던 구더기도 사라지고 없었다. 석양이 내려앉은 축사에 남아 있는 것은 흩어져 있는 털과 뼛조각뿐이었다. 수로에도 소의 모습은 간데없고 뼈만 잠겨 있었다.

고작 3개월 사이에 일어난 참상. 소들이 짊어지고 간 이 비극의 책임을 인간은 외면해서는 안 된다. 그 책임감으로 나는 필사적으로 기록했다. 이렇게 죽어간 생명이 있었다는 사실을 한 사람이라도 더 알아야 한다. 그곳을 떠날 때 축사 뒤로 해가 지고 있었다.

이곳에서 고양이를 찾아달라고?

"고양이 두 마리가 집에 남아 있대요. 가서 찾아봐 주세요."

GPS에 의지해서 알려준 주소를 찾아가는데 얼마 못 가서 길이 막혀 버렸다. 쓰나미로 생긴 건물 잔해가 길을 꽉 막고 있었다. 차에서 내려 걷기 시작했다. 15분쯤 걸었을까 알려 준 주소 근처에 도착한 나는 허탈함에 꼼짝도 할 수 없었다. 그곳에는 고양이는커녕 이곳이 예전에 사람들이 살던 마을이었을 거라고 짐작할 만한 건물은 하나도 남아 있지 않았다.

결국 방파제까지 걸어가서야 생명의 흔적을 찾을 수 있었다. 바닷가에 남겨진 개의 발자국. **구사일생으로 살아남았을 텐데 이 개는 지금 주린 배를 쥐고 어디를 헤매고 다니고 있을까.** 왜 이렇게 되어 버린 것일까.

손을 내밀다

부지런히 차를 몰고 가고 있는데 도로가 막혀 버렸다. 산을 끼고 난 도로인데 도로 옆 절벽이 붕괴되면서 길을 막은 것이다. 다른 길로 돌아가기 위해 유턴을 하는데 산 쪽에서 개 두 마리가 불쑥 얼굴을 내밀었다. 차에서 내려서 보니 목줄을 하고 있었다. 누군가 키우던 개였을 텐데 오랫동안 산을 헤매며 고생을 했는지 잔뜩 겁을 먹고 있었다.

"이리 와, 이리 와."

불러도 가까이 오지 않더니 곧 수풀 속으로 숨어 버렸다. 안타까웠다. 이렇게 헤어지면 언제 또 만날지 모르기 때문이다. 다행히 잠시 후 두 마리 중 한 마리가 먼 곳에서 다시 모습을 보였다. 이쪽을 살피고 있었다.

"괜찮아, 괜찮아. 이리 와."

함께 있던 자원봉사자가 부드럽게 부르자 개는 무서워하면서도 가까이 다가왔다. 개는 무서운 것인지 추운 것인지 덜덜 떨면서도 있는 힘을 다해 용기를 내 한 발 한 발 다가왔다. 겨우 손이 닿는 거리까지 오자 자원봉사자가 재빨리 안았다. 계곡을 헤매고 다녔는지 발이 젖어 있었다.

이 순간을 기다렸구나.
이렇게 누군가 도와주러 오기를.

개는 안긴 채 아무런 저항도 하지 않았다. 하지만 한 마리는 끝내 다시 나타나지 않았다. **긴급한 순간에는 이렇게 운명이 갈린다. 용기 내어 사람의 품에 안긴 개와 사람에게서 멀어진 개.** 자원봉사자에게 안긴 개는 품에 파묻힌 채 차에 올랐다.

이제는 먹을 걸 찾아 헤매지 않아도 돼.
따뜻한 곳에서, 편히 쉬고. 밥도 많이 먹자.

우리는 모든 생명에게 손을 내밀었다. 익숙하게 다가오는 동물에게도 손을 내밀지만 이미 야생화되어 가까이 오기를 꺼리는 동물에게도 다정히 손을 내민다. 그렇게 손을 내밀고 기다리고 있으면 시간이 걸려도 마음을 열고 다가오는 동물이 있기 때문이다.

살아 있기만 해 주렴

자원봉사자들과 함께 찾아간 곳은 고지대라 다행히 쓰나미는 피했지만 주위가 전멸 상태로 고립된 상황이었다. 그런데 이곳에 고양이가 남겨져 있다는 연락을 받고 찾아갔다. 쉬지 않고 내리는 비를 뚫고 도착한 집 앞에 고양이가 보였다. 아니, 고양이들이 보였다.

처음에 네 마리가 보이길래 차에서 내려 서둘러 포획기를 설치하는데 그 수가 점점 늘어났다. 한 마리, 두 마리…… 늘어나더니 포획기를 다 설치하고 보니 무려 16마리나 되었다. 수가 많아지니 바빠졌다. 자원봉사자들과 부랴부랴 아이들을 구조하기 시작했다. 한 마리 한 마리 빠짐없이 아이들을 차에 싣고 있을 때였다.

"야오~~~~옹."

뒤쪽에서 힘없는 고양이의 울음소리가 들려 돌아보니 멀리서 고양이 한 마리가 다가오고 있었다. 구조 작업을 하던 집과는 전혀 다른 곳에서 오는 것 같았다.

고양이는 천천히, 천천히 다가왔다.

아메리칸쇼트 종 같은데 뼈만 앙상한 것이 한눈에 봐도 몹시 굶주린 상태였다.

"야오~~~ 옹"
들릴 듯 말듯 기운 없는 소리에
뒤돌아보니
고양이 한 마리가
힘없이 다가오고 있었다.

캔을 따 주니 허겁지겁 먹었다. 집고양이였는지 사람에게 친숙했다. 주위를 둘러보아도 쓰러지고 기울어진 집밖에 없는 곳에서 오지 않는 가족을 기다리고 있었을 아이.

'오늘은 올까, 오늘은 가족이 와서 밥을 주겠지.'
이런 믿음으로 힘을 내어 살아 준 기특한 아이.

늦어서 미안하구나. 그래도 왔으니 용서해 줘. 너를 데리러 온 거야.

이곳에서 모두 22마리를 구조했다. 도쿄에 데리고 와서 건강검진도 하고, 임시 보호 하는 집에서 편하게 지내고 있다.

모두들 고생했다. 너희들이 살아서 기다리고 있으면 우리도 힘을 낼 수 있어. 그러니 살아 있기만 해 주렴. 살아 있기만!

도쿄에 와서 주린 배를 채우고 보살핌을 받으며 불안감을 떨친 고양이들은 표정이 편안하게 바뀌었다.

지나는 길에 만났던 이 고양이는 힘없고 지쳐 보였다.
구조하지 않으면 오래 살 수 없을 것 같았는데 다행히 녀석은 다가와 주었다.

이곳 축사에 가까스로 살아남은 소들이 여럿 있어서 여러 번 찾아가 돌봤다.
어느 날 돌아오는 길에 뒤돌아보니 소 한 마리가 나를 바라보고 있었다.

소들에게 가져다 주려고 개울에서 물을 긷고 있는데 갑자기 나타난 개.
그런데 순식간에 시야에서 사라져 버려 구조할 수 없었다.
어딘가에서 잘 살아 주기를.

쓰나미에 의해 모든 것이 사라진 곳에
남겨진 개 발자국.
무엇을 찾아 헤매고 있을까.

구조한 동물들의 뒷이야기

2011년 7월 11일까지의 현황.

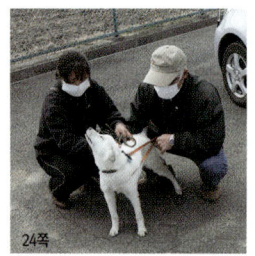

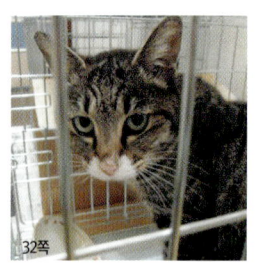

(14쪽) 구조한 후 가족과 만났지만 고양이를 포기해야 하는 상황이었다. 현재 동물보호단체의 보살핌을 받고 있다. 어미 고양이는 사람들에게 친화적인데 길고양이로 태어난 새끼들은 야생성을 보여 현재 집고양이 수업 중이다.

(24쪽) 사람을 만나면 그저 놀아달라고 매달렸던 귀여운 흰둥이는 무사히 주인을 만났다. 사람들이 갑자기 사라졌는데도, 마을이 예전과 같지 않은데도 흰둥이는 무슨 일이 일어났는지 모른 채 해맑은 눈을 하고 있어서 마음이 더 아팠다.

(28쪽) 목걸이의 안쪽에 전화번호가 적혀 있었다. 소중한 가족이었을 텐데……. 몇 번이나 전화했지만 통화가 되지 않았다. 피난 생활 때문에 받지 못한다고 믿고 싶다. 보관하고 있는 이 목걸이를 언젠가 주인에게 꼭 돌려줄 수 있기를…….

(32쪽) 많이 배가 고파 보였던 이 아이는 무사히 구조되었다. 이 아이처럼 쉽게 다가와 주면 구조가 쉬울 텐데 많은 고양이들은 사람을 두려워해 구조가 어렵다. 안타까운 일이다. 구조된 이 고양이는 동물보호단체에 머물며 주인을 기다리고 있다.

(38쪽) 축사에 살아남은 말들은 지역과 비영리단체 등 여러 곳의 도움으로 원전 사고 지역에서 30킬로미터 떨어진 곳으로 데리고 나올 수 있었다. 여러 사람의 노력이 모여 소중한 목숨을 건졌다.

(41쪽) 이 붙임성 있는 개는 다행히 가족과 연락이 닿았다. 이름은 부타로. 가족과 자원봉사자들이 정기적으로 찾아가 먹을 것을 주고 안전한지 확인하기로 해서 구조하지 않았다. 사람을 좋아하는 부타로는 근처 초소에 놀러가는 것을 좋아해서 경찰들에게 귀여움을 받으며 지내고 있다.

(43쪽) 구조가 쉽지 않았던 초코는 한 달 만에 겨우 구조했다. 그런데 가족의 품으로 돌아간 초코의 건강검진을 해보니 임신 상태였다고. 새끼를 낳기 전에 가족의 품으로 돌아갈 수 있어서 다행이었다.

(44쪽) 자원봉사자가 구조하려고 했지만 보기와는 달리 몹시 사나워서 구조할 수 없어 애를 태웠다. 그런데 다행히 가족이 나타나 가족에게 돌아갔다. 경계구역으로 지정되면 출입이 금지되는데 다행히 이 지역이 경계구역으로 지정되기 전에 가족이 나타나 가족이 사는 곳으로 가게 되었다.

(46쪽) 가족과 연락은 닿았으나 반려동물을 데려 갈 수 없는 상황이었다. 현재 임시 보호자의 집에서 새로운 가족을 기다리고 있다.

(48쪽) 도쿄로 데려와서 검사를 하니 안타깝게도 고양이면역부전 바이러스와 고양이백혈병을 갖고 있었다. 이런 상태에서는 입양이 어려운데 기적적으로 입양이 되었다. 입양자는 병이 있더라도 입양하겠다고 했고 지금은 그 집의 소중한 외동아들로 행복하게 살고 있다.

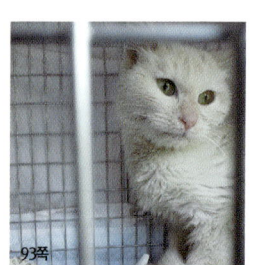

⁽⁵⁰쪽⁾ 이곳에는 모두 7마리의 고양이가 있었다. 한꺼번에 다 포획하는 것이 무리라 일단 영양 상태가 나쁜 두 마리를 구조하고, 그 후에 3마리를 더 구조했다. 현재 자원봉사자가 맡아서 보호하고 있고, 그 지역 대장을 비롯한 남은 두 녀석은 여전히 그 지역에서 살고 있다.

⁽⁶⁷쪽⁾ 정기적으로 먹이를 주는 사람이 있으니 이 아이를 비롯한 5마리의 무리는 구조하지 말아 달라는 연락을 받았다. 여전히 두 다리로 다른 개들만큼 빨리 달리고, 멧돼지와 들개로부터 집을 지키고 있다.

⁽⁸⁶쪽⁾ 한 시간 반을 달려 후쿠시마 시내 병원으로 가서 치료를 받았다. 목의 상처가 깊어서 여러 번의 수술 끝에 나을 수 있었다. 회복까지는 시간이 걸리겠지만 병원에서 무료로 돌봐주고 있다. 얼마 전에 기다리던 가족과 재회한 곤타는 기쁘게 가족 품에 안길 수 있었다. 하지만 가족의 상황이 어떻게 될지 몰라 아직 함께 살지는 못하고 있다.

⁽⁹²쪽⁾ 사람을 많이 경계했지만 다행히 포획기에 들어가 주어 구조되었다. 현재 자원봉사자가 맡아서 보호하고 있다.

⁽⁹³쪽⁾ 하얗고 귀여운 이 암고양이는 무사히 구조되었다. 몸이 얼마나 쇠약해졌는지 한동안 입원을 한 후에야 기력을 찾았다. 현재 임시 보호처를 찾고 있다.

(100쪽) 이 목장의 주인이 정기적으로 찾아가 돌보고 있었는데 그걸 모르는 누군가가 울타리를 열어서 이런 참사가 일어났다. 이후 인터넷 등으로 소를 함부로 풀어 주지 말라는 소식이 전해져서 이런 비참한 일이 다시는 일어나지 않고 있다.

102쪽

(102쪽) 송아지를 언제까지나 시체들과 놔둘 수는 없었다. 사람들과 모여서 회의한 끝에 300마리 정도의 소를 돌보고 있는 근처 목장으로 이송하기로 결정했고, 무사히 이송을 마쳤다.

110쪽

(110쪽) 기도댐 옆에서 발견되어 기도라는 이름을 얻었다. 좀처럼 임시 보호해 줄 곳을 찾지 못하고 동물병원에서 지냈다. 그러던 중 예전에 기도와 닮은 개를 키운 적이 있다는 분이 꼭 데려가고 싶다는 의사를 밝혀 지금은 그 집에서 행복한 나날을 보내고 있다.

112쪽

(112쪽) 구조한 후 잘 먹이고 챙기자 금방 체력을 회복했다. 처음에는 여러 마리 고양이를 키우는 자원봉사자가 임시 보호를 했는데 그 집 고양이들과 친해지지 못하고 매일 싸움의 연속이었다. 자원봉사자의 속을 까맣게 태웠던 이 녀석은 그 후 오로지 혼자만 사랑을 받을 수 있는 외동아이로 입양되어 잘살고 있다.

116쪽

(116쪽) 무사히 구조에 성공한 후 입양처를 찾았는데 쉽게 나타나지 않았다. 기다린 보람이 있는지 마침내 좋은 가족이 나타났고 앞으로는 행복할 일만 남았다.

원전 지역은 대도시의 식민지인가

●

금단의 땅, 죽음의 땅, 유령마을…… 미디어에서 일본 원전 사고 지역을 표현한 말이다. 도저히 사람이 살았던 곳이라고는 상상조차 할 수 없어져 버린 곳. 하지만 불과 얼마 전까지 그곳에는 사람이, 사람과 함께 수많은 생명이 살고 있었다.

2011년 3월 11일, 일본 동부에서 일어난 지진은 예상치 못한 비극을 불러왔다. 지진에 이은 쓰나미, 후쿠시마 원자력발전소 사고로 방사능이 대량 유출된 것이다. 이어지는 재난으로 수많은 사람이 죽거나 삶의 터전을 잃고 타지를 떠돌고 있다. 이런 상황 속에서 사고 지역 동물들도 인간과 비슷한 고난을 겪고 있지만 주요 관심에서는 벗어나 있다. 상상하기 힘든 재해 앞에서 사람들이 무력감에 우왕좌왕하고 있는 사이 관심에서 벗어난 생명들이 비참하게 죽어가고 있다.

사고 후 경계구역으로 지정된 원전 20킬로미터 이내 지역은 피난령이 내려진 상태라 사람은 모두 자취를 감췄다. 동물을 돌볼 이가 없다는 의미이다. 이런 상황 속에서 가까스로 살아남은 동물들이 굶어죽거나 먹이를 찾아 떠돌며 야생화되어 가고 있다.

현재 사고 지역 동물에 대한 피해, 구조, 살처분 등에 대한 정확한 통계자료를 찾기가 어렵다. 얼마나 죽었고 얼마나 살아남아 거리를 떠돌고 있는지 제대로 된 조사조차 못하고 있는 것이다. 그렇게 행정당국이 손을 못 쓰고 있는 사이 크고 작은 동물보호단체와 개인적으로 활동하는 자원봉사자들이 피폭의 위험을 무릅쓰고 각개약진하며 구조 활동을 벌이고 있다.

경계구역, 제한적 피난 구역에 살던 사람들은 피난령으로 반려동물을 남겨두고 급하게 집을 빠져나온 경우가 많다. 그들은 모두 금방 집으로 돌아갈 수 있을 거라고 믿었다. 하지만 사람들의 피난이 장기화되면서 집에 홀로 남겨진 반려동물들은 묶인 채 굶어죽거나 먹을 것을 찾아서 거리를 헤매고 있는데, 먹을 것이 충분하지 않아 건강 상태가 악화되거나 야생화되고 있다. 또한 중성화수술이 되어 있지 않아 개체수가 증가하고 있다.

다행히 대피소로 반려동물을 데리고 간 경우도 있지만 대피소는 대부분 반려동물과의 동거가 허락되지 않는다. 대피소에 반려동물을 데려갈 수 없어 차에서 생활하는 사람이 있을 정도이지만 어쩔 수 없이 반려동물을 포기해야 하는 경우가 대부분이다. 힘든 상황 속에서 동물가족과도 이별해야 하는 이중고를 겪고 있는 것이다.

이런 상황 속에서 크고 작은 동물보호단체와 자원봉사자들이 피해 지역을 찾고 있다. 비영리민간단체인 애니멀레스큐시스템기금은 후쿠시마 경계구역에 방치된 동물의 번식을 막기 위해 중성화 전문 병원을 개설했다. 보호소는 포화 상태인데 거리를 떠돌아 다니는 개와 고양이들이 과잉 번식하고 있기 때문이다. 이 단체는 1995년 고베 대지진 때도 고베 시내를 떠도는 고양이의 중성화수술을 통해 살처분 수를 대폭 줄였다.

국제치료견협회는 경계구역에서 백여 마리의 개를 구조해서 보호하고 있다. 건강 회복과 신뢰 관계 회복 후 치료견으로 훈련시켜 상처받은 사람들에게 사랑을 나눠 주는 치료견으로 활동시킬 예정이다. 또한 재해를 당한 지역의 개들을 위한 평생보호센터 설립도 준비 중이다. 동물보호단체 에인절스도 임시 보호소를 지어서 경계구역 내의 동물을 구조, 보호하는 일을 지속적으로 하고 있다. 이외에도 수

많은 동물보호단체와 자원봉사자들이 피해 지역의 생명을 하나라도 더 살리기 위해 오늘도 활동하고 있다. 하지만 사고 이후 시간이 흐르면서 관심이 적어져 임시보호, 재정후원 등이 줄어들고 있어 어려움을 겪고 있다.

동물 관련 문제를 해결하기 위해 후쿠시마현과 환경성이 나서서 경계구역 내의 반려동물의 일제 포획을 진행하기도 했다. 포획 후 보호소로 보내는데 문제는 보호소에서의 생활이 동물들에게 스트레스가 되기 때문에 무작정 장기 보호할 수가 없다는 것이다. 결국 가족과 연락이 닿는 경우는 가족의 동물 포기 의사를 확인한 후 새로운 입양처를 찾아주고 있다. 그런데 그 또한 입양처가 많지 않아 곤란에 처해 있다. 시간이 지날수록 인간에 대한 경계심이 심해져 동물 포획 또한 어려워지고 있다.

재난 시 동물의 구조, 보호에 관한 제도는 어느 나라나 미비하다. 2005년 허리케인 카트리나가 미국 뉴올리언스 등을 강타했을 때 무려 25만 명의 이재민이 발생했다. 사람만 대피하고 빈집에 남겨진 동물이 사료가 떨어져 굶어죽기도 했지만 이때 대부분의 사람들은 구조대가 도착했을 때 반려동물을 버리고 떠나는 것을 거부했다. 결국 연방재난관리국은 대피소에 반려동물과 함께 갈 수 있도록 조처했다. 우리나라는 2010년 연평도사건 때 처음으로 동물보호단체가 재난지역의 동물을 보호하기 위한 활동을 펼쳤다.

원전 사고는 반려동물뿐만 아니라 가축에게도 큰 고통을 주고 있다. 미야기현은 홈페이지를 통해 젖소, 육우, 돼지, 닭, 말 등 쓰나미 때 익사하거나 이후 아사한 가축이 약 118만 마리라고 밝혔다. 후쿠시마, 이와테현 등도 같은 일을 겪었으므로 피해 숫자는 몇 배에 달할 것이다. 죽은 가축 중 가장 많은 수를 차지한 것은 닭이다. 공장용 축사의 몇 단으로 쌓아진 케이지에 갇혀 있던 산란용 닭들은 지진이 나면서 압사당하거나 살아났다고 해도 정전, 단수 등의 상황에서 갇힌 채 서서

히 죽어갔다. 살 수도 죽을 수도 없는 상황 속의 그 고통을 우리가 짐작이나 할 수 있을까.

살아남은 가축들의 비극은 이어졌다. 익사, 아사를 견딘 가축이 여전히 경계구역 내에 살고 있지만 살아남은 가축 처리법에 대해 고민하던 정부는 사고 2개월 후인 2011년 5월에 소유주의 동의를 얻어 가축의 살처분을 결정했다. 사람의 출입이 통제되어 가축을 돌볼 수 없고, 위생상의 문제도 우려되는 데다가 방사능에 오염되어서 식용으로 판매가 불가능하기 때문이다.

살려두면 더 많은 문제가 생긴다는 것이 가축을 대하는 정부의 판단이었다. 이 문제에 대해 동물보호단체를 포함해 사회적인 비난이 많았지만 살처분은 진행되었다. 어차피 먹기 위한 수단으로 키워진 동물인데 피폭되었다면 더 이상 살려둘 의미가 없다는 것이었다.

다행히 행정력이 미치지 못하는 곳에는 살아남은 가축들이 있다. 가축들이 축사에 갇혀 굶어죽을 것이 걱정된 주민들이 잠시 마을로 들어와 축사 문을 열어준 것이다. 이렇게 살아남은 소는 운이 좋은 경우이고, 대부분은 축사 안에서 굶어죽었다. 다급했던 피난길이었고, 곧 돌아올 거라 믿었기 때문에 문을 열어둘 생각을 하지 못한 것이다.

또한 현재 경계구역 안에는 그곳에 머물며 가축을 돌보는 주민들이 있다. 경계구역 내에 머무는 것은 불법이지만 가축을 돌보기 위해 살고 있는 것이다. 사람들의 후원을 받아 떠도는 가축을 돌보거나 또 어떤 이는 경계구역 내에서 가축을 돌보며 종종 도시에 나와 시위를 벌인다. 시위라기보다는 정부와 미디어가 외면하는 원전의 참상을 후쿠시마의 가축을 통해 알리는 것이다. 지금 죽지 않아도 오랫동안 피폭된 가축은 언젠가 고통스럽게 죽어갈 것이다.

가축과 관련해 다른 움직임도 있다. 오다카구의 축산 농가 12명이 비영리기구를 설립해서 소의 방사선 영향에 관한 조사를 시작했다. 이 단체는 경계구역으로 지정되었다가 해제된 오다카구의 소 90마리에 대해 동북대 등과 연계하여 방사선 영향에 대한 연구를 진행하고, 또한 피해를 입은 축산 농가의 영농 재개를 지원한다.

이외에도 사고 지역 동물들의 피해는 이루 헤아리기 어렵다. 육우뿐만 아니라 젖소 또한 피해가 심했다. 젖소는 착유기를 통해 우유를 짜는데 전기가 끊어지면서 착유가 힘들어져 수많은 젖소들이 고통을 겪고 있다. 젖소는 젖을 짜지 못하면 유방염으로 고통을 받게 된다.

또한 실험동물 시설의 상황도 심각하다. 일본은 실험동물 시설이 등록제가 아니어서 얼마나 많은 실험동물 시설이 어떤 피해를 입었는지 알 수 없다. 실험동물 시설의 동물들이 죽었음은 물론이고, 또 여러 가지 유전자조작 생물, 병원체와 독극물, 방사선 등을 취급하는 실험시설이니만큼 환경과 생태계에 끼칠 악영향이 심각할 것이다.

이외에도 수많은 펫숍과 동물번식농장, 타조 농장, 말 농장 등의 동물도 죽음을 맞거나 비참한 삶을 이어가고 있지만 정확한 통계자료는 없는 상황이다.

원전 사고 후 많은 시간이 흘렀다. 잃어버린 가족을 기다리고, 사고 이전의 일상으로 돌아가고 싶어하는 바람은 모두 마찬가지이다. 어렵게 살아남아 가족과 재회한 행복한 반려동물도 있고, 새로운 가족을 만난 동물도 있다. 물론 아직도 집에서 오지 않은 사람 가족을 기다리는 반려동물도 많다. 기다리는 것은 사람도 마찬가지이다. 사랑하는 반려동물이 살아 있다고 믿고 계속 찾아 헤매는 사람도 많다.

공동체의 붕괴, 가족의 붕괴, 삶의 터전을 잃고 떠도는 사람들과 동물들……. 이런 비극에 대해 누구에게 죄를 물을 것인가? 비참하게 죽거나 지금도 거리를 떠도는 죄 없는 사람들과 동물들에게 물을 것인가? 이 시대 원전 지역은 대도시의 식민지이다. 원전이 없으면 정말 전력 대란을 맞을까? 원전이 멈춘 일본에서 전력

대란이 일어나지 않았다는 것이 그 말이 거짓임을 증명했다. 에너지에 의존해서 살던 우리 삶의 방식, 진실을 말하지 않는 자들에게 의문을 제기할 때이다. 없었던 일이 될까 봐 두려워 셔터를 눌렀다는 저자의 말처럼 후쿠시마 원전 사고를 기억해야 하는 것이 지금 우리의 몫이 아닐까.

아직도 비극은 이어지고 있다. 일부 피난령이 해제된 경계구역이나 계획적 피난 지역에도 피폭에 대한 두려움, 농사를 지어도 가축을 키워도 먹을 수도 판매할 수도 없으므로 생계수단을 잃은 주민들이 거의 돌아오지 않고 있다. 사람들이 돌아오지 않으니 자원봉사자들이나 일부 주민이 주는 먹이로는 거리를 떠도는 동물의 배를 다 채울 수 없다. 지금도 버려진 땅 후쿠시마에는 굶주린 생명들이 떠돌고 있다.

동물들이 죽음의 땅에서 오지 않는 가족을 기다리듯, 15만 명에 이르는 후쿠시마 원전 난민들도 기다리고 있다. 삶의 터전으로 돌아갈 날을. 하지만 그날이 오기는 올까. 삶의 터전을 잃은 사람과 동물이 모두 기다리고 있는 그날이. 1986년에 일어난 원전 폭발 사고 지역 체르노빌의 사람들도 아직 고향으로 돌아가지 못하고 있다.

후쿠시마 원전 사고 후 1년이 지난 2012년 봄, 일본 신문에는 어린 학생들과 개의 재회 기사가 실렸다. 반려견 얀과 재회한 초등학생들은 얀의 반려인인 할아버지의 손주였다. 할아버지는 사고 후 1년 동안이나 잃어버린 얀을 찾아 헤매다가 결국 찾지 못하고 직전에 돌아가셨다. 보호소에서 지내던 얀은 아이들을 보며 꼬리를 흔들었지만 끝내 할아버지는 만날 수 없었다. 손주도 반가움에 눈물을 흘렸지만 얀을 대피소로 데려갈 수는 없었다. 또다시 이별. 언젠가 꼭 데리러 오겠다고 얀과 약속했지만 그 약속은 언제나 지켜질 수 있을까.

참고자료 일본 동물보호단체 ALIVE(지구생물회의) 2011년 회보

책공장더불어의 책

후쿠시마의 고양이
(한국어린이교육문화연구원 으뜸책)
2011년 동일본 대지진 이후 5년. 사람이 사라진 후쿠시마에서 살처분 명령이 내려진 동물들을 죽이지 않고 돌보고 있는 사람과 함께 사는 두 고양이의 모습을 담은 평화롭지만 슬픈 사진집.

고양이 그림일기
(한국출판문화산업진흥원 이달의 읽을 만한 책)
장군이와 흰둥이, 두 고양이와 그림 그리는 한 인간의 일 년 치 그림일기. 종이 다른 개체가 서로의 삶의 방법을 존중하며 사는 잔잔하고 소소한 이야기.

고양이 임보일기
《고양이 그림일기》의 이새벽 작가가 새끼 고양이 다섯 마리를 구조해서 입양 보내기까지의 시끌벅적한 임보 이야기를 그림으로 그려냈다.

고양이 안전사고 예방 안내서
고양이는 여러 안전사고에 노출되며 이물질 섭취도 많다. 고양이의 생명을 위협하는 식품, 식물, 물건을 총정리했다.

우주식당에서 만나
(한국어린이교육문화연구원 으뜸책)
2010년 볼로냐 어린이도서전에서 올해의 일러스트레이터로 선정되었던 신현아 작가가 반려동물과 함께 사는 이야기를 네 편의 작품으로 묶었다.

고양이는 언제나 고양이였다
고양이를 사랑하는 나라 터키의, 고양이를 사랑하는 글 작가와 그림 작가가 고양이에게 보내는 러브레터. 고양이를 통해 세상을 보는 사람들을 위한 아름다운 고양이 그림책이다.

노견은 영원히 산다
퓰리처상을 수상한 글 작가와 사진 작가의 사진 에세이. 저마다 생애 최고의 마지막 나날을 보내는 노견들에게 보내는 찬사.

고양이 질병의 모든 것
40년간 3번의 개정판을 낸 고양이 질병 책의 바이블. 고양이가 건강할 때, 이상 증상을 보일 때, 아플 때 등 모든 순간에 곁에 두고 봐야 할 책이다. 질병의 예방과 관리, 증상과 징후, 치료법에 대한 모든 해답을 완벽하게 찾을 수 있다.

우리 아이가 아파요! 개·고양이 필수 건강 백과
새로운 예방접종 스케줄부터 우리나라 사정에 맞는 나이대별 흔한 질병의 증상·예방·치료·관리법, 나이 든 개, 고양이 돌보기까지 반려동물을 건강하게 키울 수 있는 필수 건강백서.

개, 고양이 사료의 진실
미국에서 스테디셀러를 기록하고 있는 책으로 반려동물 사료에 대한 알려지지 않은 진실을 폭로한다. 2007년도 멜라민 사료 파동 취재까지 포함된 최신판이다.

개·고양이 자연주의 육아백과
세계적 홀리스틱 수의사 피케른의 개와 고양이를 위한 자연주의 육아백과. 40만 부 이상 팔린 베스트셀러로 반려인, 수의사의 필독서. 최상의 식단, 올바른 생활습관, 암, 신장염, 피부병 등 각종 병에 대한 세세한 대처법도 자세히 수록되어 있다.

개.똥.승. (세종도서 문학나눔 도서)
어린이집의 교사이면서 백구 세 마리와 사는 스님이 지구에서 다른 생명체와 더불어 좋은 삶을 사는 방법, 모든 생명이 똑같이 소중하다는 진리를 유쾌하게 들려준다.

임신하면 왜 개, 고양이를 버릴까?
임신, 출산으로 반려동물을 버리는 나라는 한국이 유일하다. 세대 간 문화충돌, 무책임한 언론 등 임신, 육아로 반려동물을 버리는 사회현상에 대한 분석과 안전하게 임신, 육아 기간을 보내는 생활법을 소개한다.

동물과 이야기하는 여자
SBS〈TV 동물농장〉에 출연해 화제가 되었던 애니멀 커뮤니케이터 리디아 히비가 20년간 동물들과 나눈 감동의 이야기. 병으로 고통받는 개, 안락사를 원하는 고양이 등과 대화를 통해 문제를 해결한다.

개가 행복해지는 긍정교육
개의 심리와 행동학을 바탕으로 한 긍정 교육법으로 50만 부 이상 판매된 반려인의 필독서이다. 짖기, 물기, 대소변 가리기, 분리불안 등의 문제를 평화롭게 해결한다.

강아지 천국
반려견과 이별한 이들을 위한 그림책. 들판을 뛰놀다가 맛있는 것을 먹고 잠들 수 있는 곳에서 행복하게 지내다가 천국의 문 앞에서 사람 가족이 오기를 기다리는 무지개 다리 너머 반려견의 이야기.

고양이 천국
(어린이도서연구회에서 뽑은 어린이·청소년 책)
고양이와 이별한 이들을 위한 그림책. 실컷 놀고 먹고 자고 싶은 곳에서 잘 수 있는 곳. 그러다가 함께 살던 가족이 그리울 때면 잠시 다녀가는 고양이 천국의 모습을 그려냈다.

인간과 개, 고양이의 관계심리학
함께 살면 개, 고양이는 닮을까? 동물학대는 인간학대로 이어질까? 248가지 심리실험을 통해 알아보는 인간과 동물이 서로에게 미치는 영향에 관한 심리 해설서.

나비가 없는 세상
(어린이도서연구회에서 뽑은 어린이·청소년 책)
고양이 만화가 김은희 작가가 그려내는 한국 최고의 고양이 만화. 신디, 페르캉, 추새. 개성 강한 세 마리 고양이와 만화가의 달콤쌉싸래한 동거 이야기.

펫로스 반려동물의 죽음 (아마존닷컴 올해의 책)
동물 호스피스 활동가 리타 레이놀즈가 들려주는 반려동물의 죽음과 무지개 다리 너머의 이야기. 펫로스(pet loss)란 반려동물을 잃은 반려인의 깊은 슬픔을 말한다.

깃털, 떠난 고양이에게 쓰는 편지
프랑스 작가 끌로드 앙스가리가 먼저 떠난 고양이에게 보내는 편지. 한 마리 고양이의 삶과 죽음, 상실과 부재의 고통, 동물의 영혼에 대해서 써내려간다.

개 피부병의 모든 것
홀리스틱 수의사인 저자는 상업사료의 열악한 영양과 과도한 약물사용을 피부병 증가의 원인으로 꼽는다. 제대로 된 피부병 예방법과 치료법을 제시한다.

사람을 돕는 개
(한국어린이교육문화연구원 으뜸책, 학교도서관저널 추천도서)
안내견, 청각장애인 도우미견 등 장애인을 돕는 도우미견과 인명구조견, 흰개미탐지견, 검역견 등 사람과 함께 맡은 역할을 해내는 특수견을 만나본다.

수술 실습견 쿵쿵따
수술 경험이 필요한 수의사들을 위해 수술대에 올랐던 개 쿵쿵따. 8년을 수술 실습견으로, 10년을 행복한 반려견으로 산 이야기.

장애견 모리 (한국출판문화산업진흥원 중소출판사 우수콘텐츠 제작지원 선정, 학교도서관저널 이달의 책)
21살의 수의대생이 다리 셋인 장애견을 입양한 후 약자에 배려없는 세상을 마주한다.

실험 쥐 구름과 별
동물실험 후 안락사 직전의 실험 쥐 20마리가 구조되었다. 일반인에게 입양된 후 평범하고 행복한 시간을 보낸 그들의 삶을 기록했다.

용산 개 방실이
(어린이도서연구회에서 뽑은 어린이·청소년 책, 평화박물관 평화책)

용산에도 반려견을 키우며 일상을 살아가던 이웃이 살고 있었다. 용산 참사로 갑자기 아빠가 떠난 뒤 24일간 음식을 거부하고 스스로 아빠를 따라간 반려견 방실이 이야기.

암 전문 수의사는 어떻게 암을 이겼나
암에 걸린 암 수술 전문 수의사가 동물 환자들을 통해 배운 질병과 삶의 기쁨에 관한 이야기가 유쾌하고 따뜻하게 펼쳐진다.

채식하는 사자 리틀타이크
(아침독서 추천도서, 교육방송 EBS 〈지식채널e〉 방영)

육식동물인 사자 리틀타이크는 평생 피 냄새와 고기를 거부하고 채식 사자로 살며 개, 고양이, 양 등과 평화롭게 살았다. 종의 본능을 거부한 채식 사자의 9년간의 아름다운 삶의 기록.

치료견 치로리 (어린이문화진흥회 좋은 어린이책)
비 오는 날 쓰레기장에 버려진 잡종개 치로리. 죽음 직전 구조된 치로리는 치료견이 되어 전신마비 환자를 일으키고, 은둔형 외톨이 소년을 치료하는 등 기적을 일으킨다.

버려진 개들의 언덕 (학교도서관저널 추천 도서)
인간에 의해 버려져서 동네 언덕에서 살게 된 개들의 이야기. 새끼를 낳아 키우고, 사람들에게 학대를 당하고, 유기견 추격대에 쫓기면서도 치열하게 살아가는 생명들의 2년간의 관찰기.

유기동물에 관한 슬픈 보고서
(환경부 선정 우수환경도서, 어린이도서연구회에서 뽑은 어린이·청소년 책, 한국간행물윤리위원회 좋은 책, 어린이문화진흥회 좋은 어린이책)

동물보호소에서 안락사를 기다리는 유기견, 유기묘의 모습을 사진으로 담았다. 인간에게 버려져 죽임을 당하는 그들의 모습을 통해 인간이 애써 외면하는 불편한 진실을 고발한다.

순종 개, 품종 고양이가 좋아요?
사람들은 예쁘고 귀여운 외모의 품종 개, 고양이를 선호하지만 품종 동물은 700개에 달하는 유전 질환으로 고통 받는다. 많은 품종 개와 고양이가 왜 질병과 고통에 시달리다가 일찍 죽는지, 건강한 반려동물을 입양하려면 어찌해야 하는지 동물복지 수의사가 알려준다.

동물에 대한 예의가 필요해
일러스트레이터인 저자가 청소년들에게 지금 동물들이 어떤 고통을 받고 있는지, 우리는 그들과 어떤 관계를 맺어야 하는지 그림을 통해 이야기한다. 냅킨에 쓱쓱 그린 그림을 통해 동물들의 목소리를 들을 수 있다.

다정한 사신
일러스트레이터 제니 진야가 그려낸 고통받은 동물들을 새로운 삶의 공간으로 안내하는 위로의 그래픽 노블.

유기견 입양 교과서
보호소에 입소한 유기견은 안락사와 입양이라는 생사의 갈림길 앞에 선다. 이들에게 입양이라는 선물을 주기 위해 활동가, 봉사자, 임보자가 어떻게 교육하고 어떤 노력을 해야 하는지를 차근차근 알려 준다.

개에게 인간은 친구일까?
인간에 의해 버려지고 착취당하고 고통받는 우리가 몰랐던 개 이야기. 다양한 방법으로 개를 구조하고 보살피는 사람들의 이야기가 그려진다.

사향고양이의 눈물을 마시다 (한국출판문화산업 진흥원 우수출판콘텐츠 제작지원 선정, 환경부 선정 우수환경 도서, 학교도서관저널 추천도서, 국립중앙도서관 사서가 추천 하는 휴가철에 읽기 좋은 책, 환경정의 올해의 환경책)

내가 마신 커피 때문에 인도네시아 사향고양이가 고통 받는다고? 나의 선택이 세계 동물에게 어떤 영향을 미치는지, 동물을 죽이는 것이 아니라 살리는 선택이 무엇인지 알아본다.

동물들의 인간 심판
(대한출판문화협회 올해의 청소년 교양도서, 세종도서 교양 부문, 환경정의 청소년 환경책, 아침독서 청소년 추천도서, 학교도서관저널 추천도서)
동물을 학대하고, 학살하는 범죄를 저지른 인간이 동물 법정에 선다. 고양이, 돼지, 소 등은 인간의 범죄를 증언하고 개는 인간을 변호한다. 이 기묘한 재판의 결과는?

동물은 전쟁에 어떻게 사용되나?
전쟁은 인간만의 고통일까? 고대부터 현대 최첨단 무기까지, 우리가 몰랐던 동물 착취의 역사.

인간과 동물, 유대와 배신의 탄생
(환경부 선정 우수환경도서, 환경정의 올해의 환경책)
미국 최대의 동물보호단체 휴메인소사이어티 대표가 쓴 21세기동물해방의 새로운 지침서. 농장동물, 산업화된 반려동물 산업,실험동물, 야생동물 복원에 대한 허위 등 현대의 모든 동물학대에 대해 다루고 있다.

동물학대의 사회학 (학교도서관저널 올해의 책)
동물학대와 인간폭력 사이의 관계를 설명한다. 페미니즘 이론 등 여러 이론적 관점을 소개하면서 앞으로 동물학대 연구가 나아갈 방향을 제시한다.

동물주의 선언 (환경부 선정 우수환경도서)
현재 가장 영향력 있는 정치철학자가 쓴 인간과 동물이 공존하는 사회로 가기 위한 철학적·실천적 지침서.

동물노동
인간이 농장동물, 실험동물 등 거의 모든 동물을 착취하면서 사는 세상에서 동물노동에 대해 묻는 책. 동물을 노동자로 인정하면 그들의 지위가 향상될까?

묻다 (환경부 선정 우수환경도서, 환경정의 올해의 환경책)
구제역, 조류독감으로 거의 매년 동물의 살처분이 이뤄진다. 저자는 4800곳의 매몰지 중 100여 곳을 수년에 걸쳐 찾아다니며 기록한 유일한 사람이다. 그가 우리에게 묻는다. 우리는 동물을 죽일 권한이 있는가.

대단한 돼지 에스더
(환경부 선정 우수환경도서, 학교도서관저널 추천도서)
인간과 동물 사이의 사랑이 얼마나 많은 것을 변화시킬 수 있는지 알려 주는 놀라운 이야기. 300킬로그램의 돼지 덕분에 파티를 좋아하던 두 남자가 채식을 하고, 동물보호 활동가가 되는 놀랍고도 행복한 이야기.

동물을 만나고 좋은 사람이 되었다
(한국출판문화산업진흥원의 출판콘텐츠 창작 자금 지원 선정)
개, 고양이와 살게 되면서 반려인은 동물의 눈으로, 약자의 눈으로 세상을 보는 법을 배운다. 동물을 통해서 알게 된 세상 덕분에 조금 불편해 졌지만 더 좋은 사람이 되어 가는 개·고양이에 포섭된 인간의 성장기.

동물을 위해 책을 읽습니다
(한국출판문화산업진흥원 출판 콘텐츠 창작자금지원 선정)
우리는 동물이 인간을 위해 사용되기 위해서만 존재하는 것처럼 살고 있다. 우리는 우리가 사랑하고, 입고, 먹고, 즐기는 동물과 어떤 관계를 맺어야 할까? 100여 편의 책 속에서 길을 찾는다.

고등학생의 국내 동물원 평가 보고서
(환경부 선정 우수환경도서)
인간이 만든 '도시의 야생동물 서식지' 동물원에서는 무슨 일이 일어나고 있나? 국내 9개 주요 동물원이 종보전, 동물복지 등 현대 동물원의 역할을 제대로 하고 있는지 평가했다.

동물원 동물은 행복할까?
(환경부 선정 우수환경도서, 학교도서관저널 추천도서)
동물원에 사는 북극곰은 야생에서 필요한 공간보다 100만 배, 코끼리는 1,000배 작은 공간에 갇혀 있다. 야생동물보호운동 활동가인 저자가 기록한 동물원에 갇힌 야생동물의 참혹한 삶.

동물 쇼의 웃음 쇼 동물의 눈물
(한국출판문화산업진흥원 청소년 권장도서, 환경부 선정 우수환경도서)
동물 서커스와 전시, TV와 영화 속 동물 연기자, 투우, 투견, 경마 등 동물을 이용해서 돈을 버는 오락 산업 속 고통받는 동물의 숨겨진 진실을 밝힌다.

책공장더불어 http://blog.naver.com/animalbook 페이스북 @animalbook4 인스타그램 @animalbook.modoo

고통받은 동물들의 평생 안식처 동물보호구역
(환경부 선정 우수환경도서, 환경정의 올해의 어린이 환경책, 한국어린이교육문화연구원 으뜸책)

고통받다가 구조되었지만 오갈 데 없었던 야생동물의 평생 보금자리. 저자와 함께 전 세계 동물보호구역을 다니면서 행복하게 살고 있는 동물을 만난다.

야생동물병원 24시 (어린이도서연구회에서 뽑은 어린이·청소년 책, 한국출판산업진흥원 청소년 북토큰 도서)

로드킬 당한 삵, 밀렵꾼의 총에 맞은 독수리, 건강을 되찾아 자연으로 돌아가는 너구리 등 대한민국 야생동물이 사람과 부대끼며살아가는 슬프고도 아름다운 이야기.

숲에서 태어나 길 위에 서다
(환경정의 올해의 청소년 환경책, 환경부 환경도서 출판 지원사업 선정)

한 해에 로드킬로 죽는 야생동물 200만 마리. 인간과 야생동물이 공존할 수 있는 방법을 찾는 현장 과학자의 야생동물 로드킬에 대한 기록.

동물복지 수의사의 동물 따라 세계 여행
(환경정의 올해의 청소년 환경책, 한국출판문화산업진흥원 중소출판사 우수콘텐츠 제작지원 선정, 학교도서관저널 추천도서)

동물원에서 일하던 수의사가 동물원을 나와 세계 19개국 178곳의 동물원, 동물보호구역을 다니며 동물원의 존재 이유에 대해 묻는다. 동물에게 윤리적인 여행이란 어떤 것일까?

황금 털 늑대 (학교도서관저널 추천도서)

공장에 가두고 황금빛 털을 빼앗는 인간의 탐욕에 맞서 늑대들이 마침내 해방을 향해 달려간다. 생명을 숫자가 아니라 이름으로 부르라는 소중함을 알려주는 그림책.

적색목록 (한국만화영상진흥원의 2021년 다양성만화제작 지원사업과 2023년 독립출판만화 제작 지원사업 선정)

끝없이 멸종위기종으로 태어나 인간에게 죽임을 당하는 동물들을 그린 그래픽 노블. 인간은 홀로 살아남을 것인가?

똥으로 종이를 만드는 코끼리 아저씨
(환경부 선정 우수환경도서, 한국출판문화산업진흥원 청소년 권장도서, 서울시교육청 어린이도서관 여름방학 권장도서, 한국출판문화산업진흥원 청소년 북토큰 도서)

코끼리 똥으로 만든 재생종이 책. 코끼리 똥으로 종이와 책을 만들면서 사람과 코끼리가 평화롭게 살게 된 이야기를 코끼리 똥종이에 그려냈다.

햄스터

햄스터를 사랑한 수의사가 쓴 햄스터 행복·건강 교과서. 습성, 건강관리, 건강 식단 등 햄스터 돌보기 완벽 가이드.

어쩌다 햄스터

사랑스러운 햄스터와 초보 집사가 펼치는 좌충우돌 동물 만화. 햄스터를 건강하게 오래 키울 수 있는 특급 노하우가 가득하다.

토끼

토끼를 건강하고 행복하게 오래 키울 수 있도록 돕는 육아 지침서. 습성·식단·행동·감정·놀이·질병 등 모든 것을 담았다.

토끼 질병의 모든 것

토끼의 건강과 질병에 관한 모든 것. 질병의 예방과 관리, 증상, 치료법, 홈 케어까지 완벽한 해답을 담았다.

후쿠시마에
남겨진 동물들

초판 1쇄 펴냄 2013년 3월 10일
초판 12쇄 펴냄 2024년 11월 9일

지은이 오오타 야스스케
옮긴이 하상련
펴낸이 김보경
펴낸곳 책공장더불어

편 집 김보경
교 정 김수미
디자인 네거티브 H. 임상현(02.3443.1434)
인 쇄 정원문화인쇄

책공장더불어

주 소 서울시 종로구 혜화동 5-23
대표전화 (02)766-8406
팩 스 (02)766-8407
이메일 animalbook@naver.com
홈페이지 http://blog.naver.com/animalbook
출판등록 2004년 8월 26일 제300-2004-143호

ISBN 978-89-97137-05-3 (03300)

*잘못된 책은 바꾸어 드립니다.
*값은 뒤표지에 있습니다.